# CANAL

DE

# CARTHAGÈNE

(NOUVELLE-GRENADE).

PARIS

TYPOGRAPHIE DE PLON FRÈRES,

IMPRIMEURS DE L'EMPEREUR,

RUE DE VAUGIRARD, 36.

1853

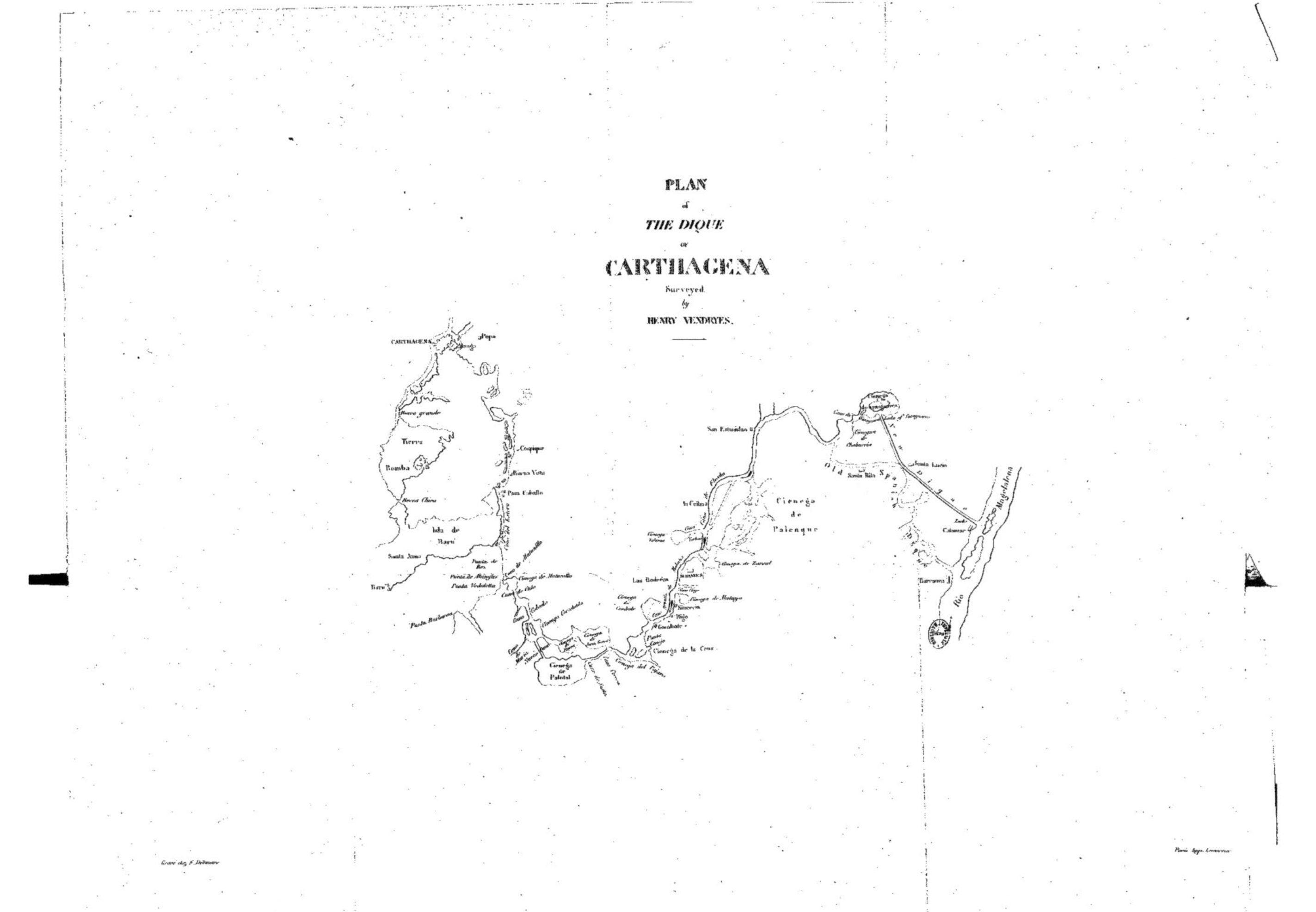

PLAN
of
THE DIQUE
of
CARTHAGENA
Surveyed
by
HENRY VENDRYES.

CARTHAGENA
Popa
Mango
Tierra
Bomba
Boca grande
Coapique
Buena Vista
Pasa Caballo
Bocca Chica
Isla de
Baru
Santa Anna
Baru
Punta de
Punta de Mangles
Punta Verdolilla
Punta Barbacoa
Cienega de Matunello
Caño de Oido
Cienega de Condote
Cienega del Espiri
Cienega Grandola
Cienega de la Cruz
Corozdo
de
Palotal
San Estanislao
Old Spanish Dique
Santa Lucia
Santa Rita
Cienega
de
Chaberria
La Celina
Cienega
Solana
Cienega de Zarcal
Cienega
de
Palenque
Passo
New Dique
Rio Magdalena
Barranco
Rio Magdalena
Las Bodegas
Cienega de Malagos
Sincerin
El Guaabate
Punta
Canoe

Gravé chez F. Delamore
Paris Imp. Lemercier

# CANAL

## DE

# CARTHAGÈNE

### (NOUVELLE-GRENADE).

M. Vendryes, propriétaire et négociant à la Jamaïque, a été déclaré par le gouvernement de la Nouvelle-Grenade (Amérique du Sud), concessionnaire, avec propriété exclusive pour une durée de soixante années, à partir de l'année courante, et finir en 1913, d'un canal appelé le Dique de Carthagène, qui a pour but de relier ce port, situé sur l'océan Pacifique, avec le fleuve de la *Madeleine*, l'une des grandes voies de communication du Nouveau-Monde. L'établissement de ce canal remonte à près de trois siècles. Il avait été construit par les Espagnols, alors en possession de la Côte-Ferme, et obstrué ensuite par eux lors des guerres de l'indépendance. L'administration de la province de Carthagène, reconnaissant la haute importance de cette œuvre pour la mise en communication de son port avec l'intérieur de la République, la fit reconstruire à ses frais en 1844, et la livra trois ans après à la navigation. Malheureusement les travaux avaient été mal exécutés, et le tremblement de terre de 1850 ayant causé des éboulements qui jetèrent les piliers des écluses en dehors de leurs perpendiculaires, il en résulta que le canal, dans sa partie purement artificielle, se trouva entravé sur quelques points, et ne put donner accès qu'à des barques de pêcheurs.

Il s'agit aujourd'hui de reconstruire ce canal artificiel et de nettoyer le reste. Tel a été le but et telle est la condition principale de la concession dont nous venons de parler.

Les frais de reconstruction et de nettoyage peuvent s'élever à 60,000 piastres, soit 300,000 francs. M. VENDRYES en a expliqué le détail dans un travail spécial publié par lui il y a peu de mois, dont nous joignons le résumé à la présente Note. Il a supposé, pour la navigation du canal dans toute sa longueur, et celle du fleuve de la Madelaine pour le service de l'intérieur du pays, quatre bateaux à vapeur seulement, et il en a calculé l'établissement à 150,000 piastres, soit 750,000 francs. (Voir le même résumé.)

Le capital requis en premier lieu pour mettre le canal en parfait état de navigation, et le doter d'un service régulier à la vapeur, s'élèverait donc à 1,000,000 de francs environ.

Les explications et les documents, tous authentiques, qui suivent feront connaître l'importance du canal dont il s'agit, les besoins économiques qu'il est destiné à satisfaire, le chiffre présumé des recettes de l'entreprise, et le bénéfice considérable auquel peuvent aspirer les capitaux qui s'y engageront.

------

La NOUVELLE-GRENADE, par son étendue, qui est d'environ 2,400 lieues superficielles, par l'importance de ses côtes, que baignent les deux Océans, par son proche voisinage du golfe du Mexique et des îles des Antilles, par ses productions naturelles, très-variées et de la plus haute valeur, est considérée comme l'un des États les plus intéressants de cette partie du Nouveau-Monde, et se trouve inévitablement appelée à prendre une large part dans les améliorations progressives qu'amènent partout le progrès des sciences et des arts et le développement de la civilisation moderne.

Le sol de la Nouvelle-Grenade convient à tous les produits de l'Europe et des Tropiques ; il est d'une fertilité dont nos terres les plus fécondes sont impuissantes à donner une idée. Le climat y est sain et tempéré, le gouvernement stable, le peuple tranquille, mais avide de progrès commerciaux et industriels. Les guerres de l'indépendance ont diminué sensiblement le chiffre de sa population, ce qui présente un champ d'autant plus vaste et mieux assuré à l'émigration européenne. Les terres qui avoisinent le canal et le fleuve de la Madeleine suffiraient à elles seules pour former le noyau d'une importante colonie. Nous le démontrons dans un Mémoire spécial qui sera publié en même temps que celui-ci, et sur lequel nous avons cru devoir appeler la haute sollicitude du gouvernement français. On verra par l'annexe n° I<sup>er</sup>, jointe à la présente publication, avec quel intérêt S. M. L'EMPEREUR DES FRANÇAIS a daigné accueillir le projet de M. VENDRYES et son auteur.

Les travaux projetés tendent spécialement à mettre en communication plus directe un ensemble de provinces ou districts au nombre de dix-sept, qui présentent une population de 1,562,628 âmes (la Nouvelle-Grenade tout entière compte environ 3,500,000 habitants).

Ces provinces sont les suivantes :

| | | |
|---|---:|---|
| Bogota | 317,351 | habitants. |
| Neiva | 103,003 | — |
| Mariquita | 105,005 | — |
| Mompox | 30,207 | — |
| Ocaña | 23,450 | — |
| Antioquia | 75,053 | — |
| Cordova | 90,841 | — |
| Medellin | 77,494 | — |
| Socoño | 147,085 | — |
| Vébez | 109,421 | — |
| Junja | 162,959 | — |
| Jundama | 152,753 | — |
| Choco | 43,649 | — |
| Santa-Marta | 16,485 | — |
| Rio-Hacha | 17,247 | — |
| Valle-Dupar | 14,032 | — |
| Cartagena | 116,593 | — |
| TOTAL | 1,562,628 | habitants. |

Les rapports d'échange de ces différents centres de population entre eux, et leur commerce général d'exportation ont pour objet les productions suivantes :

Tabac, quina, or, platine, coton, cacao, café, riz, anis, cuirs, caoutchouc, dividivi, bois de construction et de teinture, lianes de toute espèce, propres à diverses industries, maïs, millet, sel et ivoire végétal.

C'est au transport de ces produits, soit vers le littoral de la République, soit vers leurs divers points de consommation à l'extérieur; c'est pareillement à leur échange contre les productions étrangères que le canal du Dique a pour objet de pourvoir.

Il est notoire que l'absence d'une communication rapide et assurée entre les provinces de l'intérieur du pays et l'Océan est l'unique obstacle au développement du commerce et de l'agriculture locale. Les seules voies ouvertes à ces rapports mutuels sont :

1° La route de terre de Carthagène a Calamar, point de jonction du Dique avec le fleuve de la Madeleine, chemin souvent impraticable, toujours pénible, quelquefois dangereux, et entraînant, dans tous les cas, à des dépenses considérables. Ce chemin présente une longueur de 160 kilomètres environ.

2° La voie de mer, du port de Sainte-Marthe à Savanilla, desservie par trois ou quatre bateaux à vapeur, pour remonter ensuite le fleuve jusqu'à Honda, à deux journées de terre de Bogota, Capitale de la République.

Or, cette dernière voie présente, comme celle de terre, de nombreux et graves inconvénients. Sainte-Marthe a une rade ouverte à tous les vents, exposée à de violentes rafales qui descendent de la Sierra-Névada, et les navires qui y mouillent sont souvent obligés de filer sur leurs ancres ou de les abandonner pour prendre la pleine mer, et n'être pas jetés et brisés sur la côte. D'une autre part, les bateaux à vapeur qui relient Sainte-Marthe et Savanilla ne peuvent, à cause des bas-fonds qu'ils rencontrent sur le fleuve, près des hauteurs de Simiti et de Honda, recevoir la forme des bateaux destinés à la pleine mer; ce sont des bateaux presque plats. De plus, et par les raisons mêmes qui rendent la rade de Sainte-Marthe si périlleuse, la traversée de ce lieu à l'embouchure du fleuve ne l'est pas moins. Le fleuve enfin se décharge dans la mer par de nombreuses branches absolument impraticables pour les navires de certaine dimension; une seule, appelée *Barra-nueva,* présente un abord moins difficile que les autres, mais avec environ 1 mètre 50 centimètres de profondeur seulement, d'un passage infiniment dangereux pendant les mois de décembre à mai, époque où les vents du nord-est soufflent avec impétuosité sur toute cette côte. Les navires *plats,* qui font les traversées de ce bras de mer, sont donc exposés à de continuelles avaries, et presque toujours obligés de mouiller en pleine mer jusqu'à ce qu'ils ne calent plus que quelques pieds d'eau, de manière à pouvoir franchir le banc de sable qui obstrue l'entrée du port ou plutôt du *lac* de Savanilla, lequel n'a pas lui-même un mètre de profondeur.

Il résulte de là que les transports se font généralement par d'autres bateaux, absolument plats, de Savanilla à Remolino, petit village sur le fleuve, et *vice versâ.*

Ainsi, d'une part, voie de terre de Carthagène à Calamar, longue, coûteuse, souvent impraticable ; d'une autre part, traversée d'un bras de mer fort dangereux, surtout pendant une moitié de l'année, et nécessité de transborder sur bateaux plats pour le transport d'aller et de retour, de Savanilla à Remolino : telle est la situation actuelle.

Elle a été, sur la demande de M. Vendryes, constatée, suivant les formes locales, et *sous serment,* par quatre des officiers de la marine les plus distingués du pays. Cette attestation fait partie des documents qui seront présentés.

En regard de cette situation, plaçons les avantages que présente la navigation projetée par le canal entre Carthagène et le fleuve, au point même de Calamar, où finit aussi la route de terre.

Le port de Carthagène, à la différence de ceux de Sainte-Marthe et de Savanilla, est vaste et sûr, à l'abri des vents qui soufflent partout ailleurs ; il offre un excellent mouillage et une entrée libre en toutes saisons, et à quelque heure que ce soit de la nuit et du jour. Le canal du Dique y débouche. Ce canal transportera directement, sur des eaux profondes et parfaitement tranquilles, toutes les denrées et marchandises qu'on voudra diriger de Carthagène à l'intérieur, et réciproquement. Le trajet se fera de Carthagène à Honda, et *vice versâ,* sans aucun transbordement. Honda est le point le plus avancé de l'intérieur où le fleuve cesse d'être navigable.

On conçoit ainsi l'immense supériorité du port de Carthagène sur ceux de Sainte-Marthe et de Sanavilla ; et il est de toute évidence qu'aussitôt que le canal sera devenu navigable, il obtiendra sur les deux autres voies de communication, une préférence très-probablement exclusive.

Quelques mots maintenant sur le fleuve de la Madeleine. Il suffit de jeter les yeux sur la carte de la Nouvelle-Grenade pour reconnaître que cette grande voie fluviale, incessamment grossie par une innombrable quantité de rivières tributaires depuis Honda jusqu'à Calamar, est l'artère principale ouverte aux rapports commerciaux et industriels du pays avec l'Océan. En reliant ce fleuve, dans toute sa partie navigable, qui comprend environ 2,000 kilomètres, avec le point d'abord du littoral le plus sûr en toutes saisons, et le plus commode pour toutes les relations industrielles et commerciales, on aura donc résolu le problème des voies de communication qui doit élever un jour ce pays à la hauteur de ces républiques du Nouveau-Monde qui nous étonnent aujourd'hui par l'audace de leurs conceptions et la miraculeuse rapidité de leurs progrès. Qu'étaient les États-Unis d'Amérique il y a quarante ans, et quels pas gigantesques n'ont-ils points faits depuis l'ouverture de leurs canaux et de leurs voies ferrées ?

Revenons donc aux productions nombreuses et variées qui serviront d'aliment au canal destiné à mettre en rapport incessant les eaux du port de Carthagène et le fleuve qui doit porter la richesse au cœur du pays.

Nous avons dit que ces productions consistent en tabac, quina, or, platine, coton, cacao, café, riz, anis, cuirs, bois de construction et de teinture, etc.

Le quina, l'un des produits d'exportation les plus considérables de la République, se tire des provinces mêmes que le canal est le plus naturellement appelé à alimenter. La province d'Antioquia est celle qui envoie le plus de valeurs en or à l'étranger ; c'est dans celle de Mariquita qu'on recueille et prépare cette qualité de tabac qui fournit aux exportations de ce produit la base la plus constante et la plus lucrative, avec la certitude d'un accroissement successif, qui s'est surtout manifesté depuis l'abolition du monopole en 1850.

C'est donc forcément la voie du canal qu'emprunteront ceux de ces différents produits qui seront destinés à l'exportation.

Il en sera de même de tous ceux que tireront pour leur consommation propre les provinces de Carthagène, Sainte-Marthe, Choco, Valle-Dupar et Rio-Hacha ; de même encore de ceux qui se transportent sur ces différents points, soit pour une partie de la consommation de l'isthme de Panama, lequel appartient à la Nouvelle-Grenade, soit pour celle des points de l'intérieur qui s'alimentent par là, et devront aussi recourir à la même voie pour les retours.

Enfin, le canal recevra tous les chargements de marchandises étrangères destinées aux provinces qui ne bordent pas exclusivement le littoral, c'est-à-dire à douze d'entre elles, d'une population totale de plus de 1,300,000 âmes.

Et ce n'est pas sur des suppositions vagues que nous établissons nos chiffres. Des documents émanés du gouvernement lui-même leur donnent le plus haut degré d'authenticité désirable; et, à cet égard, nous ne pouvons mieux faire que de laisser parler le ministre de l'intérieur dans l'exposé fait à la Législature de 1851 :

« Il y a aujourd'hui en exploitation dans les provinces d'Amérique,
» dit le ministre, 43 mines de veines et 264 d'or suivi; on ignore le
» produit de 15 des premières et de 149 des secondes. On sait cepen-
» dant qu'elles sont intéressantes. Le produit des 143 qui restent est de
» 3,560 livres d'or par an, ou 783,200 piastres, en évaluant à 18 réaux
» la castellane d'or. Ce produit n'est pas même celui de la moitié des
» mines connues; et, en supposant que celui des 164 mines dont le
» rapport n'est pas connu s'élève au même chiffre, la valeur des mines
» qui s'exploitent dans la province d'Antioquia sera de 1,586,400 pias-
» tres. Prenons le quart de cette somme comme produit des mines des
» rivières Canca, Néchi et Samana, et de celles qui ne sont pas com-
» prises dans le tableau, nous arriverons à une valeur de 2,000,000 de
» piastres.

» La valeur de l'or qu'on retire des lavages est encore plus considé-
» rable; elle atteint un million de castellanos, ce qui, réuni aux mines
» de labeur, donnerait un total de 4,200,000 piastres, comme étant
» le produit des mines *de la seule province d'Antioquia.*

» Un autre calcul nous donne encore le montant du revenu des mines
» d'or dans toute la République.

» L'or présenté dans les bureaux de la Monnaie, pour être fondu et
» exporté dans toute la République, s'éleva, de 1848 à 1849, à 8,400
» livres, soit à une valeur de 1,900,000 piastres. Sur ce chiffre,
» 5,375 livres appartenaient à la province d'Antioquia, et le reste, soit
» 3,024 livres, aux autres parties de la République. Le droit de
» quatre pour cent perçu et les débris dans les fontes expliquent une
» grande contrebande sur un article aussi facile à cacher. On peut cal-
» culer qu'il s'exportait par ce moyen une quantité égale à celle déclarée

» dans les bureaux, ce qui donnerait un produit total de 16,800 livres,
» ou près de 4 millions de piastres.

» Dans la seule province d'Antioquia, il a été remis à la poste,
» comme article d'exportation, près de 2,000 livres d'or, ou 440,000
» piastres pendant le seul mois de janvier dernier.

» Tout l'or produit dans la Nouvelle-Grenade est exporté, parce que
» le développement de l'industrie intérieure n'en exige aucune circula-
» tion notable. Nous avons ainsi, pour ce seul article, une exportation
» (minimum) de 4 millions de piastres.

» L'exportation du tabac s'éleva, l'année dernière, à 25,000 quin-
» taux, ce qui représente une valeur de près de 800,000 piastres, en
» les supposant vendus sur les marchés d'Europe au bas prix de
» 12 pence la livre.

» Le *seul port de Savanilla* a exporté, l'année passée, pour 212,000
» piastres de produits divers, tels que cacao, café, cuirs, dividivi,
» maïs, bois de Brésil, bois de teinture, quina, chapeaux de paille, etc.

» La vallée de *Cucuta,* malgré sa décadence, exporte annuellement
» de 6 à 7,000 charges de café, près d'un mille de cacao, cuirs et
» autres articles, d'une valeur ensemble de 250,000 piastres.

» Réunissant ces résultats, je crois pouvoir affirmer que la valeur de
» tout le capital *exporté* annuellement de la Nouvelle-Grenade ne
» s'élève pas à moins de 6 millions de piastres (soit 30,000,000 de fr.).

» En ce qui concerne l'*importation,* si l'on considère qu'une popu-
» lation comme celle de ce pays (se consacrant à l'agriculture et aux
» travaux des mines, fort peu à l'industrie des fabriques) consomme,
» pauvre comme elle l'est en général, des produits étrangers destinés
» à une grande partie de sa nourriture, et à ses vêtements de toute
» espèce; si l'on pense que la grande quantité des instruments qui lui
» sont nécessaires se tire de l'étranger; si enfin l'on fait attention à
» tous les objets devenus de nécessité presque absolue pour la classe
» moyenne, on pourra, sans exagération, porter la consommation
» annuelle, en objets venant du dehors, à 12 piastres par tête, ce
» qui, si l'on supposait seulement une population de 2 millions d'âmes,
» formerait un chiffre total de 12 millions de piastres. »

Ces chiffres et l'exposé de leurs conséquences résultent, nous le
répétons, des documents présentés par le gouvernement lui-même à
la Législature de 1851.

Il est dans l'ordre naturel des choses que la consommation augmente avec les facilités qu'on y rattache, avec l'aisance qu'amènent partout la rapidité des moyens de circulation et le développement des diverses branches de la prospérité publique. Évidemment, on produira plus de denrées, quand l'écoulement en sera plus rapide et moins cher ; on exploitera les mines avec plus d'ensemble et de moyens de succès, quand la population deviendra plus nombreuse et plus riche. A l'industrie agricole, qui se développera d'elle-même sur ces terres *de promission,* se joindra l'industrie manufacturière quand le progrès des arts, pénétrant dans l'intérieur, aura fait comprendre, soit aux naturels, soit aux émigrants devenus citoyens de ces admirables contrées, ce qu'ils peuvent retirer d'avantages des positions naturelles du pays, des chutes d'eau du fleuve [1], de la proximité enfin de nombreux centres de population qui ne demandent qu'à croître et à prospérer.

Les résultats ne peuvent donc qu'augmenter avec le temps, et l'on peut hardiment avancer qu'ils se seront accrus dans les plus larges proportions, longtemps avant l'expiration du privilége exclusif accordé à M. VENDRYES.

Telles sont les principales assises des calculs sur lesquels est établie cette spéculation toute nationale. M. VENDRYES les a puisées dans la connaissance approfondie des nombreux éléments de prospérité que renferme un pays qu'il connaît depuis longues années : il les a confirmées aux sources les plus dignes de confiance, dans un rapport récent du ministre de l'intérieur, et dans une étude fort consciencieuse basée sur des faits officiels non contestables, publiée, il y a peu de mois, par le docteur NUNÈS, Secrétaire général du gouvernement de Carthagène.

« Le canal du Dique, dit cet honorable fonctionnaire, donne lieu à
» un mouvement d'une valeur annuelle de 20,127,332 piastres, soit
» 100,636,660 francs, qui, au droit modéré de transit mentionné plus
» haut [2], conduit à un résultat de 95,686 piastres, soit 447,430 francs.
» Nous affirmons, ajoute-t-il, qu'une somme de 200,000 piastres, soit
» un million de francs (c'est aussi le chiffre indiqué par M. VENDRYES),
» et le terme d'une année, suffiront pour perfectionner une entreprise
» qui doit produire un revenu de 447,000 francs, *et qu'avant un an*
» *et demi, tout le capital versé dans ces travaux sera infailliblement*
» *remboursé.* »

---

[1] La plaine de Bogota est à 11,000 pieds au-dessus du niveau de la mer.

[2] Ce droit est réduit à un demi pour cent seulement par le docteur Nunès. Il s'élève à un chiffre plus considérable, ainsi qu'on peut le voir aux annexes.

M. Nunès ne s'arrête dans ses calculs, *qu'au seul droit de passage* établi dans l'intérêt du concessionnaire sur les produits transportés par le canal. Il n'entrait pas dans l'ordre des appréciations auxquelles il se livrait, de rechercher quel serait *le produit même du fret* des bateaux à vapeur établis entre Carthagène et Honda, et prenant exclusivement la voie du même canal.

Cette lacune importante est facile à réparer. Nous avons pour cela les revenus de la Compagnie de Sainte-Marthe, qui fait, comme nous l'avons dit plus haut, les voyages, en empruntant la mer et le fleuve. Un seul de ses bateaux a rapporté, pour l'année 1851, plus de 14,000 livres sterling [1]. Or, on connaît tous les inconvénients de cette navigation. Le seul fait du transbordement donne lieu à des frais considérables. Un colis qu'on transvase ou qu'on recouvre des nouveaux emballages et récipients nécessaires pour prévenir les avaries à fond de cale pendant un long séjour dans l'humidité, donne lieu à une aggravation de frais de cinq à six piastres. Impossible d'ailleurs de songer sérieusement, avec ces moyens incomplets, au transport des voyageurs. Deux de nos bateaux à vapeur seront construits, au contraire, avec cette destination spéciale, et nous répétons que le trajet se fera *sans arrêt ni transbordement.*

Il semble donc qu'il n'y aurait rien d'exagéré à prendre pour l'ensemble de nos quatre vapeurs, un chiffre quadruple de celui qu'a rapporté un seul des bateaux de la Compagnie de Sainte-Marthe : il en résulterait un *produit* ou *fret* de 76,000 livres sterling, soit 1,900,000 francs. Voulant toutefois nous tenir, autant que possible, au-dessus des résultats même les plus vraisemblables, nous ne ferons figurer dans cette partie des recettes que la moitié seulement de ce dernier chiffre, c'est-à-dire 38,000 livres sterling, soit 190,000 piastres, ou 950,000 francs.

Les résultats définitifs bruts seraient, à ce compte, de 286,000 piastres, décomposés comme suit :

1° Recettes du canal, suivant le tarif du droit de passage, et sur la base de 20 millions de piastres, qui est celle des calculs du secrétaire général du gouvernement de Carthagène, calculs fondés sur l'état du canal pris *à son début.* . . . . . . . . . . . . . .     96,000 piastres.

2° Fret des quatre bateaux à vapeur qui appartiendront à la Compagnie concessionnaire. . . . .     190,000

                                        286,000

Soit. . .    1,430,000 francs.

[1] Voir aux annexes, n° VII.

Auxquels il faudra ajouter 15,000 piastres ou 75,000 francs de subvention que le gouvernement accorde au concessionnaire de la navigation du canal pour le transport de la correspondance entre Carthagène et Honda.

Le chiffre général des produits bruts s'élèverait donc, d'après ces bases, à 301,000 piastres, soit 1,505,000 francs, sans tenir compte de l'accroissement successif de recettes que produira le développement des moyens de communication.

La pièce annexe n° 6 évalue les dépenses annuelles à 68,000 francs; elle en précise le détail, en même temps qu'elle fait connaître le chiffre du capital de l'établissement. Il en résulte que ce capital doit produire, aussitôt que le canal sera navigable, *un revenu annuel de cent pour cent.*

Nous avouons qu'il est presque regrettable d'avoir à appeler l'attention publique sur de pareils résultats.... Comment, en effet, n'y pas voir tout d'abord les illusions d'une imagination qui se passionne, plutôt que les calculs d'une spéculation froidement conçue et appréciée? Cependant il faut prendre les choses pour ce qu'elles valent, et ne pas non plus abaisser outre mesure les conséquences nécessaires d'une situation qui a pour base des chiffres certains présentés avec toute l'autorité de documents officiels et impartiaux.

A ce point de vue, ce Mémoire est plutôt une citation destinée à présenter à l'esprit des faits matériels, qu'une dissertation ayant pour but de convaincre par un exposé de conséquences, toujours contestables, si vraisemblables qu'on les suppose....

Nous consentons toutefois à faire aux éventualités une part tellement large, que nous aurions quelque peine à la justifier par le raisonnement; et, dans cette pensée, pour n'avoir aucune illusion à redouter, aucun mécompte à subir, nous irons jusqu'à élever *au double* le chiffre des dépenses de premier établissement, celui des dépenses accessoires et d'entretien, et nous réduirons même *une seconde fois de moitié* (nous l'avons déjà fait une première fois dans la comparaison de nos recettes présumées avec celles de la Compagnie de Sainte-Marthe) le chiffre à attendre de nos produits de toute nature. Eh bien! même après cette double et si importante réduction, nous arriverons encore à pouvoir amortir notre capital dans la troisième année d'exploitation du privilége, et à recevoir *un revenu annuel de plus de* 700,000 *francs,* pour un capital d'établissement de *deux millions de francs.*

Nous n'ajoutons plus qu'un mot. Le contrat de M. VENDRYES (Annexe n° IV) lui concède tous *priviléges, statuts et contrats* attachés à la possession du canal. Il y a là un ensemble de droits accessoires et de propriété qui se relieront, par voie de conséquence, aux jouissances principales de l'entreprise. Nous nous bornons à les mentionner ici sommairement, ayant besoin, pour en déterminer avec précision la valeur et la portée, de quelques explications nouvelles que nous exposerons en temps et lieu.

Mais le fond de l'opération nous a paru dès à présent trop bien vérifié, et trop important d'ailleurs, pour que nous ne nous fissions pas un devoir d'en presser l'exécution *d'urgence,* afin de ne pas nous exposer à la perte d'un temps précieux dans l'exercice du privilége qui nous est assuré.

HENRY VENDRYES.

Paris, le 15 septembre 1853.

# Annexe N° I.

Paris, le 18 juillet 1853.

## MINISTÈRE DES AFFAIRES ÉTRANGÈRES.

### DIRECTION POLITIQUE.

*A M. Vendryes, à Paris.*

Monsieur, j'ai eu l'honneur de rendre compte à l'Empereur de l'entretien que nous avons eu ensemble, et Sa Majesté Impériale, à qui j'ai fait connaître, *dans tous ses détails,* le projet de canalisation et de navigation à vapeur que vous avez conçu pour relier la baie de Carthagène à la Madeleine, m'a donné l'ordre de vous dire de sa part qu'Elle formait les vœux les plus sincères pour le succès d'une entreprise dont les résultats doivent être si avantageux pour le commerce de toutes les nations. Je me félicite, Monsieur, d'avoir à vous faire part d'une approbation qui témoigne si hautement de l'intérêt de Sa Majesté Impériale pour les plans que vous lui avez soumis et pour leur auteur.

Recevez, Monsieur, l'assurance de ma considération distinguée,

*Le Chef de la Direction politique au Ministère des affaires étrangères,*

*Signé :* THOUVENEL.

3*

# Annexe N° II.

Historique *des faits relatifs au Canal ou* Dique *de Carthagène.*

Ce canal, construit par les Espagnols depuis plus de trois siècles, avait été obstrué par eux lors des guerres de l'indépendance, pour en empêcher la jouissance par les Colombiens.

En 1844, le gouvernement suprême de Bogota, auquel il appartenait comme partie de la République, le céda en toute possession au gouvernement de la province de Carthagène, qui le fit reconstruire à ses frais par un ingénieur américain. Ce travail fut achevé en 1848, et le canal fut livré à la navigation ; une petite compagnie de quelques négociants de Carthagène se forma pour y placer des bateaux à vapeur. Ils en achetèrent un petit de 120 tonneaux à peu près, qui fit quelques voyages de Carthagène à Honda, point où s'arrête la navigation sur le fleuve de la Madeleine ; mais le travail du canal ayant été mal établi dès le principe, le tremblement de terre de 1850 rompit une partie de ses bords, et en obstrua la navigation.

En 1852, le gouvernement de la province de Carthagène, représenté par un *comité directorial* appelé *Junta,* auquel il avait délégué possession du canal, et plein pouvoir de le faire réparer, fit mettre, par une ordonnance du 12 octobre 1851, ces réparations à l'enchère, pour compte et risques de celui qui en entreprendrait l'exécution. M. Vendryes se présenta, fit ses propositions, qui furent acceptées, et le gouvernement passa avec lui un contrat de cession du canal *en toute propriété* pour soixante ans, avec le privilége exclusif de le naviguer par bateaux à vapeur pour le terme qui avait été accordé à la petite compagnie de Carthagène, comme il est dit plus haut.

Par suite du tremblement de terre, cette compagnie, qui avait cessé de continuer ses opérations sur le canal, s'éteignit de *mort naturelle,* n'ayant pas d'ailleurs rempli les formalités exigées par son contrat. Cependant le gouvernement de la province, pour éviter toute discussion à cet égard avec l'entrepreneur et concessionnaire futur du canal, déclara, par un article de l'ordonnance de 1851, que, si le privilége anciennement accordé à la compagnie de Carthagène pour le fait matériel de la navigation formait obstacle à ce que le privilége de propriété simple du canal fût accepté par l'entrepreneur futur, *dès ce moment et ipso facto,* le privilége de la compagnie de Carthagène serait considéré comme *caduc* et n'ayant jamais existé. M. Vendryes, en effet, n'ayant pas voulu consentir au contrat du canal *sans le privilége exclusif d'y faire naviguer* par bateaux à vapeur, ce privilége lui fut accordé pour les dix années antérieurement concédées à la compagnie de Carthagène. Toutefois, la *Junta* ou comité directorial s'engagea à *demander et obtenir* de la chambre des représentants de la province de Carthagène l'extension du privilége pendant toute la durée des soixante années accordées pour le canal lui-même. A cet égard, il est à considérer que M. Vendryes, étant possesseur de ce canal et maître de l'interdire à qui bon lui semblera, le privilége de soixante ans pour la navigation ne peut lui être refusé, puisqu'il le possède déjà, au moins virtuellement, par le seul fait de la propriété du canal.

Ceci nous amène à faire connaître, pour l'éclaircissement des faits, que le gouvernement de la Nouvelle-Grenade est entièrement calqué sur celui des États-Unis de l'Amérique du Nord. La capitale est Bogota, où s'assemble, comme à Washington, un congrès composé d'un sénat et d'une chambre de représentants envoyés par toutes les provinces dont se compose la République. Il y a un président et vice-président. Chaque province a son gouverneur, nommé pour trois ans par le président de la République, son sénat et sa chambre de représentants, comme aux États-Unis. Il y a une haute cour de justice à Bogota, à laquelle sont rapportées les causes jugées dans les tribunaux des provinces, une cour de cassation, une cour des comptes et quatre ministres d'État. La religion est la catholique romaine (seule tolérée); la langue nationale est l'espagnol.

Après Bogota, Carthagène est la plus importante ville de la République.

L'isthme de Panama appartient à la Nouvelle-Grenade.

D'après les lois du pays, M. Vendryes devient, par la nature de la concession qui lui a été faite, citoyen de la République, en tout ce qui peut toucher ses droits et priviléges comme concessionnaire.

Signé : HENRY VENDRYES.

Paris, 19 août 1853.

# Annexe N° III.

## TRADUCTION.

*Ordonnance* (12 octobre 1851) *autorisant la Junte ou Comité directorial du* Dique *à pourvoir à la prompte conclusion du travail du canal.*

La chambre législative de la province de Carthagène,

Vu le contrat passé par la junte directoriale pour l'ouverture du Dique avec M. l'ingénieur G.-M. Totten le 1er mars 1844 [1], et tous les antécédents relatifs à cette affaire,

Exerçant les fonctions et l'autorité que lui concède l'article 3 de la loi XIII, 4e partie, traité 1er du Recueil des lois de la Nouvelle-Grenade,

Ordonne :

Art. 1er. Le comité directorial (*junta*) est autorisé à pourvoir à la prompte et parfaite conclusion de l'œuvre du canal, en adoptant à cet effet l'un des moyens suivants :

1° Celui de fixer à l'ingénieur contractant, M. G.-M. Totten, un dernier terme, et le plus court possible, pour achever et rendre le canal, en se réglant sur les stipulations des contrats respectifs;

2° Celui de passer un nouveau contrat avec l'individu ou la compagnie qui s'obligera à terminer et perfectionner l'ouvrage pour le compte de la province ;

3° Celui de faire concession du canal à l'individu ou à la compagnie qui s'obligera à terminer et perfectionner l'ouvrage pour son propre compte.

Art. 2. Si l'ingénieur contractant refusait de se soumettre à l'obligation de rendre le travail achevé dans le terme péremptoire et non prorogeable qui lui sera fixé dans le cas 1er de l'article précédent, ou si, en se soumettant à cette obligation, il ne la remplissait pas au terme fixé, sans juste cause au jugement de la junte, il sera fait par ladite junte, assistée de personnes expertes, une visite extraordinaire sur toute l'étendue du canal pour vérifier et certifier l'état des choses et la dépense probable qu'il faudra faire pour l'achèvement des travaux.

Art. 3. Au vu des faits constatés, la junte procédera à l'annulation du contrat passé entre elle et l'ingénieur contractant, ou fixera, par le moyen d'arbitres, l'indemnité ou les compensations que devra donner celui-ci pour sa proportion dans les dépenses nécessaires pour finir le travail et le conserver pendant tout le temps auquel le contractant est obligé. Et, au cas où l'annulation ne pourrait s'effectuer par aucun des moyens indiqués, il sera fait remise au trésorier de la province des documents nécessaires pour faire devant qui il appartiendra les poursuites de droit à l'effet d'obtenir ce résultat.

[1] Ce contrat a été annulé. (Voir l'Opuscule du docteur Nuñès.)

Art. 4. Des deux moyens indiqués dans l'article 1<sup>er</sup> sous les numéros 2 et 3, le comité adoptera celui qui, dans son opinion, offrira le plus de probabilité pour obtenir la plus prompte et parfaite terminaison de l'ouvrage et sa plus longue durée et meilleure conservation en bon état de service.

Art. 5. Si le moyen adopté par le comité était le second de ceux indiqués dans l'article 1<sup>er</sup>, l'indemnité qui sera accordée au contractant ne devra pas excéder celle à laquelle seront fixés les frais à faire pour la conclusion de l'ouvrage selon les dispositions de l'article 3. Il est entendu que ladite conclusion s'effectuera en se réglant sur les conditions qui étaient imposées à l'ingénieur contractant, stipulant de plus les garanties qui se donneront à telles fins que de droit.

Art. 6. Le comité est autorisé à solliciter des fonds avec les intérêts d'usage au cas où la conclusion du travail devra être faite pour compte de la province, et si les revenus ordinaires de cette dernière ne sont pas suffisants pour le payement, selon les termes qui seront arrêtés avec le contractant.

Dans ce cas, l'intérêt auquel la junte pourra emprunter les fonds n'excédera pas 1 1/2 pour 100 par mois.

Art. 7. Si le moyen qu'adoptera le comité était le troisième indiqué dans l'art. 1<sup>er</sup>, l'individu ou la compagnie qui acceptera la cession du canal s'obligera : 1° à l'achever et le perfectionner dans un terme qui n'excédera pas un an, à compter de la date des contrats respectifs ; 2° à maintenir le canal et ses accessoires en bon état de service et sous une surveillance sévère, de manière qu'il puisse être navigué en tous temps et dans toute son étendue, *depuis la baie de Carthagène jusqu'au fleuve Madeleine*, par bateaux à vapeur d'une cale de quatre pieds pour le moins.

Art. 8. La compagnie ou l'individu qui acceptera la cession du canal, conformément à l'article précédent, ou qui entreprendra l'ouvrage pour le compte de la province d'après l'article 5, sera sujet à une amende qui sera fixée par le comité si l'ouvrage n'était pas terminé dans le temps stipulé, et le montant de cette amende sera déposé dans le bureau que fixera le comité avant la signature des documents respectifs.

Art. 9. Si, le canal terminé, il survenait quelque obstacle à la navigation permanente et facile par ledit canal, et si cet obstacle n'était pas levé dans le terme que fixera le gouvernement après que l'entrepreneur aura été requis de le faire, soit par le gouvernement, soit par la chambre de la province, l'entrepreneur perdra les droits qu'il aurait acquis, et le canal redeviendra la propriété de la province avec les réparations qui y auront été faites. L'entrepreneur sera soumis à la même peine si, après avoir commencé quelques améliorations nécessaires, il en suspendait l'exécution pendant trois mois, sans de justes motifs.

Art. 10. L'individu ou la compagnie qui préférera la cession du canal remplacera la chambre de la province dans toutes les obligations ou charges dont les revenus du canal sont aujourd'hui grevés en vertu de sa possession dudit canal.

Art. 11. L'individu ou la compagnie à laquelle le Dique sera adjugé n'aura pas le droit de percevoir plus ou moins de péage que ceux qui sont fixés par l'ordonnance du 12 octobre 1846 [1]. Quelque changement que l'on désire faire à ce tarif, soit en

[1] Ce droit est de 1/2 pour cent sur la valeur des marchandises qui passeront par le canal du Dique.

augmentant quelques-uns de ces droits, soit en en introduisant d'autres, il sera proposé par l'entrepreneur à la chambre provinciale, sans l'approbation de laquelle il ne pourrait être fait aucun changement.

ART. 12. Si le contrat était passé suivant les termes et conditions de l'article 7, le privilége exclusif accordé à la compagnie de Carthagène pour naviguer *par vapeur sur le fleuve Madeleine et le Dique,* par l'ordonnance provinciale du 14 octobre 1847, sera par le fait même aboli, si toutefois ce privilége était un obstacle à la conclusion dudit contrat.

ART. 13. Le comité fixera le jour où l'on devra entendre les propositions de ceux qui voudront entreprendre le canal pour compte de la province, ou qui préféreront en prendre la concession ; et le contrat qui en sera passé sera publié, et après 60 jours de publication, il sera déclaré parfait et adjugé en faveur du contractant ou du plus offrant, s'il y en a.

ART. 14. Seront considérées comme préférables, d'après l'article 5, les propositions suivantes :

1° La moindre somme qui sera demandée ;

2° Le terme le plus court qui sera fixé pour la conclusion du travail ;

3° La meilleure garantie qui sera donnée pour cet effet.

Et, dans le cas de l'article 7 :

1° Celle qui accordera à la province la plus grande partie des produits du canal ;

2° Le terme le plus court pour la conclusion du canal ;

3° Le terme le plus court pour la cession du canal ;

4° La plus forte amende qui sera encourue pour la non-exécution du contrat.

ART. 15. Dans le cas où il ne se présenterait aucun *liciteur,* le comité pourra négocier directement avec l'individu ou la compagnie qu'il jugera convenable.

ART. 16. Il sera rendu à la chambre provinciale, dans sa prochaine session, un compte formel appuyé des documents nécessaires, de ce qui aura été arrêté en vertu de la présente ordonnance avec l'ingénieur Totten, et de l'usage qui aura été fait de l'autorisation concédée pour passer un autre contrat.

ART. 17. Pouvoir donné au gouvernement de la province, d'accord avec le comité, de réclamer judiciairement ou d'une manière extrajudiciaire ou conciliatoire, de l'ingénieur Totten, frais et dommages pour les délais survenus dans la conclusion du canal.

Fait à Carthagène, le 11 octobre 1851.

*Le président de la chambre :* LUIS GUARDIOLA.

*Le secrétaire :* M. E. CORRALÈS.

Gouvernement de la province.

Carthagène, 12 octobre 1851.

*Approuvé :* JUAN JOSÉ NIETO.

*Le secrétaire :* VALENTIN PAREJA.

# Annexe N° IV.

Contrat *passé entre la* Junte *ou Comité directorial du* Dique
*et* M. Henry Vendryes.

Art. 1er. Cession à M. Vendryes, *en toute propriété,* dudit canal, dans toute son étendue depuis la baie de Carthagène jusqu'à son embouchure dans la rivière la Madeleine [1], avec *tous les priviléges, droits, concessions, statuts et contrats* qui lui sont attachés, pour le terme de 60 années à compter du jour où le contrat sera définitivement signé et délivré [2].

§ II. Ces concessions ne comprennent pas celles qui auraient déjà été ou qui seront faites par la législature nationale ou provinciale pour effectuer cet ouvrage pour son compte, ou pour éteindre la dette contractée ou à contracter dans cet objet.

## OBSERVATION.

Ce paragraphe est devenu inutile d'après l'article qui suit :

Art. 2. Cession à M. Vendryes du *privilége exclusif de la navigation du Dique par vapeur,* lequel avait été concédé à la compagnie de Carthagène pour y naviguer aussi par vapeur, ainsi que sur le fleuve, pour le terme de 10 ans, accordé à ladite compagnie ; toutefois, il sera sollicité de la chambre provinciale une prorogation de ce terme jusqu'à celui de 60 ans accordé à M. Vendryes par l'art. 1er.

## OBSERVATION.

La loi provinciale qui accordait ce privilége à la compagnie de Carthagène est datée du 11 octobre 1847. Elle a été abrogée, et le privilége déclaré nul par l'ordonnance provinciale du 12 octobre 1851, article 12, pour inexécution des conditions, etc.

Art. 3. M. Vendryes achètera de la province les outils, instruments, ferrailles, etc., qui lui seront nécessaires, etc., etc.

## OBSERVATION.

Depuis que le canal a été abandonné, tout ce qui en dépendait a été enlevé par les représentants de l'ingénieur comme étant la propriété de ce dernier. La personne chargée par le gouvernement de faire un rapport sur ce point a déclaré qu'*il ne restait rien,* excepté un bateau à vapeur en fer pour curage, mais sombré à 10 pieds de profondeur dans le lac de Chabarria et presque totalement brisé. M. Vendryes a déclaré se refuser à le prendre, même *gratuitement,* et a écrit au gouvernement pour le faire enlever, attendu qu'il gêne le passage du lac.

Cet article 3 est par conséquent inutile.

[1] A Calamar.

[2] C'est-à-dire après le dépôt d'une somme de 20,000 francs à faire par M. Vendryes, laquelle lui sera restituée quand les travaux seront achevés.

Art. 4. A l'expiration du terme de la concession du canal, M. Vendryes le rendra à la province en bon état, etc.

Art. 5. L'ouvrage devra commencer 120 jours après que ce contrat aura été définitivement conclu par un écrit public. (Même observation qu'à l'art. 1er, note 2e.)

Art. 6. M. Vendryes s'oblige à *compléter* le canal, de son propre compte, dans le terme d'un an, à compter du jour de la ratification du contrat; mais le comité s'oblige à demander et à obtenir de la chambre provinciale un délai d'une année de plus, si par événement l'ouvrage n'était pas achevé dans la première année.

### OBSERVATION.

Si M. Vendryes avait pu commencer ses opérations vers la fin de juillet, il aurait pu rendre le canal parfaitement navigable pour la fin de septembre 1853.

Art. 7. L'amende fixée par l'article 8 de l'ordonnance du 12 octobre 1851 sera de $. 4,000 comptant, qui seront déposées entre les mains du trésorier public avant la ratification absolue du contrat.

### OBSERVATION.

Cette somme, qui a pour objet l'exécution du contrat, a depuis été fixée à 4,000 piastres fortes, par suite d'améliorations apportées par M. Vendryes aux propositions qu'avait présentées l'ancien ingénieur du canal. Selon les termes de l'ordonnance de 1851, M. Vendryes était obligé à publier son contrat pendant 60 jours pour le cas où d'autres personnes désireraient faire des propositions avantageuses pour la province. Le contrat fut publié, et, au temps expiré des soixante jours, il fut adjugé à M. Vendryes, ses offres étant jugées les plus avantageuses, moyennant quelques amendements qu'il fit à celles de l'ingénieur américain.

Art. 8. M. Vendryes s'engage à maintenir le canal navigable dans toute sa longueur, et en tous temps, pour des bateaux à vapeur de 4 pieds de cale.

Art. 9. Si, après l'achèvement du canal, il se présentait quelque obstacle à sa parfaite navigation, lequel ne serait pas détruit dans le terme fixé par le gouvernement, le concessionnaire perdrait ses droits, et le canal ferait retour à la province avec les améliorations qui y auraient été apportées. La même peine sera encourue par le concessionnaire, si, après avoir commencé l'ouvrage, il l'abandonnait pendant plus de trois mois *sans justes motifs*.

Art. 10. M. Vendryes s'engage à ne pas demander d'autres droits de passage que ceux fixés par la loi du 12 octobre 1846; mais il pourra proposer à la chambre provinciale les changements qu'il jugera convenables audit tarif, *augmentant même quelques-uns des droits,* et en introduisant d'autres, afin qu'avec l'approbation de ladite chambre, ces nouveaux droits puissent avoir effet.

### OBSERVATION.

(Voyez l'ouvrage publié par M. Nunès, secrétaire du gouvernement.)

*Nota.* La *carga* ou *charge,* dans la Nouvelle-Grenade, est de 250 livres anglaises.

Art. 11. M. Vendryes s'oblige à payer au profit de l'État la somme annuelle de

$. 2,000 (du pays), soit 10,000 francs, à compter du jour où le canal sera ouvert à la navigation, comme indemnité des obligations et dettes qui affectent le canal.

### OBSERVATION.

M. Vendryes ayant exigé que le canal lui fût remis *libre de toutes charges,* cet article a été introduit à titre de forfait.

Art. 12. M. Vendryes s'oblige également à rembourser à la province jusqu'à la concurrence de $. 1,200 par payements de douzièmes par mois à compter du jour où le canal sera navigable, les sommes que la province aura dépensées ou pourra dépenser pour la sécurité du canal et son nettoyage, de manière à le rendre navigable.

### OBSERVATION.

Jusqu'à présent il n'a été dépensé par la province qu'une somme de $. 500 pour une jetée que M. Vendryes lui-même ordonna de faire afin de protéger le canal contre les eaux du fleuve, en cas de débordement, jusqu'à ce que les travaux fussent terminés. M. Vendryes s'est opposé à toute autre dépense

Art. 13. Les discussions qui pourraient surgir entre le concessionnaire et le comité du canal, à l'égard des stipulations de ce contrat ou pour toute autre cause, seront déférées aux tribunaux de la République, sans avoir recours, dans aucun cas, à l'intervention d'autres gouvernements, agents diplomatiques, consuls, vice-consuls ou proconsuls étrangers, de quelque classe qu'ils soient, et celui qui enfreindra cet article perdra *ipso facto* le droit qu'il aurait dans la question en litige.

### OBSERVATION.

Cette clause est introduite par le gouvernement de la Nouvelle-Grenade dans tous les contrats passés entre lui et des concessionnaires étrangers. Elle n'a rapport qu'aux questions inhérentes au fait du canal lui-même, et non aux violations du droit des gens ou des droits internationaux de la part du gouvernement de la Nouvelle-Grenade, auquel cas M. Vendryes aurait les mêmes droits d'appel à son propre gouvernement que toute autre personne, attendu que des conventions particulières ne peuvent pas détruire la foi de traités solennels conclus de nation à nation.

Cet article, du reste, épargnera à M. Vendryes bien des désagréments en cas de discussions entre lui et ses agents, vu que, la concession du canal lui ayant été faite *en toute propriété,* il est, par la loi constituante de la Nouvelle-Grenade, *de facto,* citoyen de la République en tout ce qui a rapport à ladite concession.

Carthagène, 24 novembre 1852.

*Signé :* J.-J. Nieto.  Manuel del Rio.
A.-R. Torices.  Ildefonzo Mendes.
J.-B. Nunès, secrétaire.

Nota. Ce contrat ayant été publié pendant 60 jours, d'après les termes de l'ordonnance de 1851, et aucune proposition plus avantageuse n'ayant été faite au comité du canal, M. Vendryes a été déclaré concessionnaire, et le contrat à lui adjugé en séance du 26 février 1853.

Paris, 19 août 1853.

*Signé :* Henry VENDRYES.

# ANNEXE N° V.

*Extrait du rapport de l'Ingénieur anglais* LIONEL GISBORNE *à Messieurs* FOX HENDERSON *et* C^{ie} *à* LONDRES.

Pendant mon séjour à Carthagène, en mai dernier, le Gouverneur de cette province me pria d'examiner si le fleuve Madeleine pouvait être navigué par bateaux à vapeur, et si l'on pouvait terminer le canal de jonction de 12 milles entre ce fleuve et le Dique, lequel fut construit, il y a quelques années, par le gouvernement.

Mon rapport sur ces deux points a été très-favorable, et il y a eu accord avec le gouvernement pour qu'une concession du canal, *embrassant une grande étendue de terres,* fût accordée à une compagnie anglaise qui en entreprendrait l'exécution.

Carthagène est située sur l'un des plus beaux ports du monde, ayant deux entrées, *Boca Grande* et *Boca Chica,* la première desquelles fut bouchée par les Espagnols, mais pourrait être ouverte à peu de frais.

La rivière du Dique (canal naturel) se décharge dans l'Atlantique près de la ville de Carthagène, et exigerait *peu de dépenses* d'approfondissement à l'effet de la rendre navigable jusqu'au canal de jonction (canal artificiel) qui la relie au fleuve de la Madeleine.

Il n'y a aucun doute que, si un arrangement satisfaisant peut être fait avec le gouvernement de la Nouvelle-Grenade pour le complément du canal, les *avantages d'un excellent port et l'importance commerciale de Carthagène le rendraient préférable à toute autre communication par eau et par Savanilla.*

J'ai appris que le gouvernement donnerait tout son appui à l'exécution de ce projet.

LIONEL GISBORNE.

Londres, 5 octobre 1852.

# Annexe N° VI.

Sommaire approximatif *des frais de réparation du canal de Carthagène pour le rendre complétement navigable et de la dépense primitive de quatre bateaux à vapeur à établir en premier lieu sur le canal du Dique et le fleuve Magdalena.*

M. Gisborne, ingénieur du gouvernement anglais, qui a été chargé, il y a deux ans, de travaux très-importants en Irlande, a reçu la mission de visiter le canal du Dique, et a évalué dans son rapport les frais de réparation à 30,000 livres sterling, en y comprenant *deux tunnels* qu'il voulait faire à son embouchure dans le fleuve, pour prévenir l'accumulation du sable et autres matières. Ci 30,000 livres sterling, soit. . . . . . . . . . . . . . . . . . . . . . . . . . . . . . . . . . . fr.   750,000

M. Vendryes a prouvé dans son Étude sur le canal (page 12) que les tunnels proposés par M. Gisborne, bien que nécessaires peut-être en d'autres circonstances, devenaient inutiles au point de jonction du canal avec le fleuve, dont la profondeur à ce point avec la plus grande baisse des eaux est de 20 pieds au-dessous de celle du canal. Il y aurait donc à déduire de la somme ci-dessous les frais de ces deux tunnels, évalués à £. 19,000, soit en francs. . . . . . . . . . . . . . . . . . . . . .   475,000

On aurait ainsi, suivant M. Gisborne lui-même, un total de. . . . . fr.   275,000

M. Vendryes, dans son opuscule, portait cette somme à 50,400 piastres seulement, soit. . . . . . . . . . . . . . . . . . . . . . . .   252,000

Formant une différence de. . . . . . . . . . . . . . . . . . . . . . . .fr.   23,000

Cette légère différence entre les calculs de M. Gisborne et ceux de M. Vendryes résulte de ce que ce dernier propose d'employer les bois durs du pays que l'on trouve à la main, pour estacader les bords du canal artificiel, et tracer le chemin des bateaux à vapeur à travers les lacs, tandis que M. Gisborne propose d'employer des pierres, briques, etc., procédé beaucoup plus lent et plus dispendieux.

Ainsi,

La dépense approximative des réparations du canal, y compris nettoyages, approfondissement, etc., sera de. . . . . . . . . . . . . . . . . . . . . . . . . . fr.   252,000

En y ajoutant pour quelques détails imprévus. . . . . . . . . . . .   48,000

Nous aurons une somme totale pour lesdites réparations, etc., de. . fr.   300,000

M. Vendryes propose, pour commencer, d'établir sur le canal et le fleuve 4 bateaux seulement à vapeur et à hélice, dont 2 de 200 tonneaux et de la force de 80 chevaux, pour remorquer les radeaux et les embarcations, et transporter les produits de toute nature entre Carthagène et Honda et *vice versâ*; et 2 plus légers de 80 à 100 tonneaux et de la force de 40 chevaux, pour marchandises légères, passagers et transport postal, selon contrat avec le gouvernement.

En prenant pour bases les calculs publiés par la Compagnie de Santa-Marta, dont M. Vendryes a parlé dans son ouvrage, les 2 bateaux de 200 tonneaux coûteraient, tout compris, £. 8,000 sterling chacun. Soit pour les deux. . . . . . . . fr.   400,000

Et les 2 plus légers (en faisant observer qu'ils devront être plus commodes et plus élégants pour les passagers), chacun £. 6,000 sterling, soit pour les deux. . . . . . . . . . . . . . . . . . . . . . . . . . . . . . . 300,000

Total pour les 4 bateaux. . . . . . . . . . . . . fr.   700,000

Total pour réparer le canal. . . . . . . . . . . 300,000

Total général. . . . . . . . . . . . . . . . . fr.  1,000,000

En ajoutant à cette somme :

1° Les frais de transport des quatre bateaux à vapeur d'Europe à Carthagène, les deux premiers à flot, et les deux derniers, soit à flot (ce qui n'offrirait aucune difficulté dans la belle saison), soit en charpente, le tout évalué, en comptant les échelles à Saint-Thomas :

Pour les 2 grands bateaux, 30 jours à fr. 1,000. . . . . . . . . . 30,000

Pour les 2 de moindre dimension, à savoir :

S'ils sont envoyés à flot, 30 jours à fr. 700. . . . . . . 21,000
S'ils sont envoyés en coque, fret. . . . . . . . . . . 20,000

Terme moyen. . . . . . . . . . . . . . . . . . . 19,500

                                    49,500

2° La somme à déposer à Carthagène, selon le contrat de M. Vendryes (remboursable aussitôt que le canal sera fini). . . 20,000

3° Les frais du contrat en forme définitive, dépenses de voyage, gratuités et dépôts sur les contrats à passer à Carthagène avec les entrepreneurs des nettoyages et de la fourniture des bois et des matériaux. . . . . . . . . . 10,000    30,000

Le capital requis, en le supposant payable immédiatement, sera. . fr.   79,500

Pour réparations du canal et 4 bateaux. . . . . . . . . . . . . . 1,000,000

Pour envoi des bateaux et dépenses préliminaires. . . . . . . . . 79,000

Grand total. . . . . . . . . . . . . . . . . . . . . fr. 1,079,000

Quant aux frais annuels pour maintien et surveillance du canal, et autres, M. Vendryes les évalue comme il suit :

Intérêt sur le capital de fr. 1,079,000 à 4 pour cent. . . . . . . . .   43,320

( Cet intérêt sera amorti par les gains de la première année de navigation du canal, comme on le verra plus bas.)

Somme à servir annuellement à l'État, art. 11 du contrat. . . . . .   10,000
Administration et surveillance. . . . . . . . . . . . . . . . . . . . .   10,000
Frais de loi et de police, et autres accidentels. . . . . . . . . . . .    5,000

Total des frais annuels. . . . . . . . . . . . . . fr.   68,000

En évaluant à 96,000 piastres seulement les recettes annuelles du canal, d'après les données officielles du docteur Nunès (chiffre auquel il évaluait ces recettes en prenant le canal dans son enfance), ci. . . . . . . . . . . . . . . . . . $.   96,000

Et la recette des 4 bateaux à vapeur ( d'après le produit net d'un seul des bateaux de la Compagnie de Santa-Marta £. 19,000 pour l'année dernière) à £. 76,000.

Et prenant la moyenne, c'est-à-dire une moitié ou £. 38,000 sterling, ou $. . . . . . . . . . . . . . . . . . . . . . . . . . . . . . . . .   190,000

Piastres. . . . .   286,000
Ou francs. . . .   1,430,000
Et déduisant les frais annuels ci-dessus. . . . . . . . . . . . . .   68,320

Le profit annuel serait, *même à ces calculs très-réduits*, de. . . . . fr. 1,361,680

Ou plus de 100 pour 100 sur le capital !

Dans les calculs des profits ne sont pas compris $. 15,000 par an (fr. 75,000) de subvention que le gouvernement accorde par un décret au concessionnaire de la navigation du canal, pour le transport de la correspondance entre Carthagène et Honda.

HENRY VENDRYES.

Paris, le 19 août 1853.

# ANNEXE N° VII.

*Extrait du rapport officiel des directeurs de la Compagnie de la Madeleine.*

(EXERCICE 1851.)

Navigation d'*un seul bateau à vapeur* sur la rivière Madeleine, faisant, l'un dans l'autre, deux voyages par mois entre Baranquilla et Honda, et en prenant pour base de calcul le résultat ordinaire du steamer *Magdalena*.

Chargement en remontant la rivière :

| | | |
|---|---:|---:|
| 600 cargas (de 250 livres chacune) à $ 6 1/2. . . . . . . . | 3,900 piastres. | |
| 20 passagers (nombre moyen en remontant et descendant, sur la base de $ 90 pour toute la distance, et en tenant compte de ceux débarqués ou embarqués dans les points intermédiaires) ont présenté un terme moyen de $ 60 pour chaque passager. . | 1,200 | |
| Chargement de retour. Nombre moyen 400 cargas à $ 3 1/2. | 1,400 | |
| 20 passagers (sur la base de $ 30 chacun, en y comprenant ceux qui sont débarqués sur différents points) ont produit un terme moyen de $ 20 par tête. (La différence entre les deux parcours provient de la durée beaucoup plus longue du voyage à la remonte). . . . . . . . . . . . . . . . . . . . . . . . . . . | 400 | 6,900 |

Déduisant :

| | | |
|---|---:|---:|
| 320 cordes de bois (à 16 jours d'aller et retour, et à 20 cordes par jour[1]). . . . . . . . . . . . . . . . . . . . . . . . . . | 800 | |
| Provisions pour passagers, huile et graisse pour les machines. | 225 | |
| Loyer de 5 bateaux pour porter les marchandises de Conéjo, point d'arrêt, à Honda, situé à un mille de distance, et revenir avec des produits, à $ 100 chacun. . . . . . . . . . . . . . | 500 | 1,525 |
| Produit d'un voyage (gages des équipages non compris). . . . . . | | 5,375 |
| Deux voyages donnent. . . . . . . . . . . . . . . . . . . . . . | | $ 10,750 |

Déduisant :

| | | |
|---|---:|---:|
| Gages d'équipage pour un mois. . . . . . . . . . . . . | 777 | |
| Réparations (terme moyen). . . . . . . . . . . . . . . | 200 | 977 |
| Profit net par mois. . . . . . . . . . . . . . . . . . | | 9,573 |
| Ce qui fait, au change de 6 piastres du pays par livre sterling. | £. | 1,595 10 |
| Et en supposant neuf voyages par an. . . . . . . . . . . | £. | 14,359 10 |
| Soit francs. . . . . . . . . | | 358,975 » |

[1] *N. B.* Le charbon, porté à Baranquilla à 40 schellings (50 francs) le tonneau, coûterait moins cher que le bois. — On s'occupe en ce moment de l'exploitation de mines de houille récemment découvertes près du canal du Dique.

## CONCLUSION.

De ces données authentiques résultent les probabilités suivantes *en faveur du canal.*

600 cargas à la remonte.
400 cargas au retour.

1,000 cargas par voyage. Pour 10 voyages. .    10,000 cargas.
Pour   4 bateaux. .   40,000 cargas.

Prenant les 2/3 seulement pour le nombre de cargas qui passeront par le canal, nous obtenons pour les 4 bateaux à vapeur que nous proposons de mettre sur ce canal, en supposant 10 voyages par an. . . . . . . . . . . . . . . . .    26,666

On évalue à 100 par mois le nombre de *champans,* ou gros bateaux plats et autres employés sur la rivière, et qui auront à passer par le Dique. Ce nombre est fort inférieur à la réalité. Chacun offre une moyenne de 200 cargas, ce qui produira par mois 20,000 cargas, et par an. . . .    240,000

Total des cargas. . . . . . . . . . . . . .    266,666

266,666 cargas produiront à 3 réaux [1] chacune terme moyen fixé par l'ordonnance (sans compter bestiaux et porcs). . . . . . . . . . . $ 100,000
20 passagers à la remonte.
20    —    de retour.

40 passagers par voyage, à 10 voyages par an,

Soit 400 passagers, et pour 4 bateaux, 1,600.

Prenant toujours les 2/3 seulement pour les 4 bateaux à vapeur du canal, nous aurons 1,066 passagers, à 4 réaux de péage seulement (ou 2 fr. 50, prix demésurément réduit). . . . . . . . . . . . . . . . .    533

Il en résultera un revenu annuel de. . . . . . . . . . . . . . . . . $ 100,533

Ou francs. . . . . . . . . . .    501,665

On voit que l'évaluation de $ 96,000, soit 480,000 francs, faite par le docteur Nunès, est loin d'être exagérée.

---

[1] La piastre *forte* vaut 8 réaux ou 5 francs. La piastre *du pays* vaut 4 francs 15 centimes.

Paris. Typographie de Plon frères, imprimeurs de l'Empereur, rue de Vaugirard, 36.

TEXAS
LOUISIANE
Nle ORLEANS
Mississipi
FLORIDE
MEXIQUE
MEXICO
VERA CRUZ
GOLFE DU
YUCATAN
MER DES ANTILLES
ATLANTIQUE
ILES BAHAMA
CHIHUAHUA
CUBA
St Iago
RÉPUE DOMINICAINE
PORT AU PRINCE
St DOMINGUE
PORTO RICO
St Thomas
Ste CROIX
Martinique
Guadeloupe
JAMAÏQUE
Kingston
GUATEMALA
Oajaca
MER PACIFIQUE
Pte Herbes
St Marguerita
Curacao
Grenade
Carupano
Carthagène
Maracaïbo
Morne rouge
VENEZUELA
NOUVLE GRENADE
CHOCO
Cerro de Oro
R. du Darien
Santiago
Chagres
Chemin de Fer
St Pancen
Carte
de la partie
de la
NOUVLLE GRENADE
Indiquant la position du
Darien
ET DES ANTILLES.

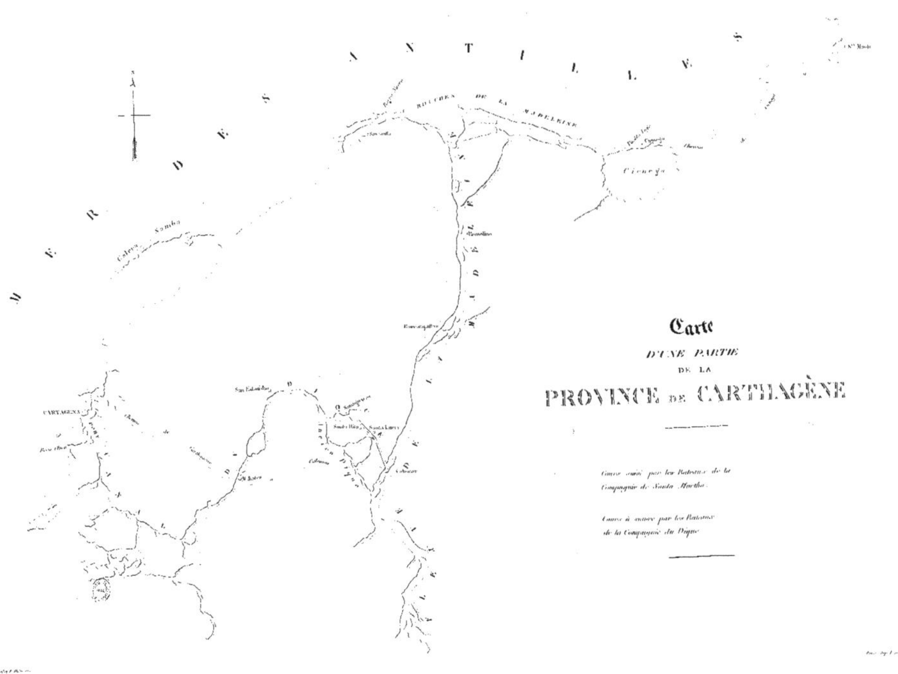

MER DES ANTILLES
Carte
D'UNE PARTIE
DE LA
PROVINCE DE CARTHAGÈNE
Cours suivi par les Bateaux de la
Compagnie de Santa Martha.
Cours à suivre par les Bateaux
de la Compagnie du Dique.
CARTAGENA
MADELEINE
BOUCHES DE LA MADELEINE
Cienega

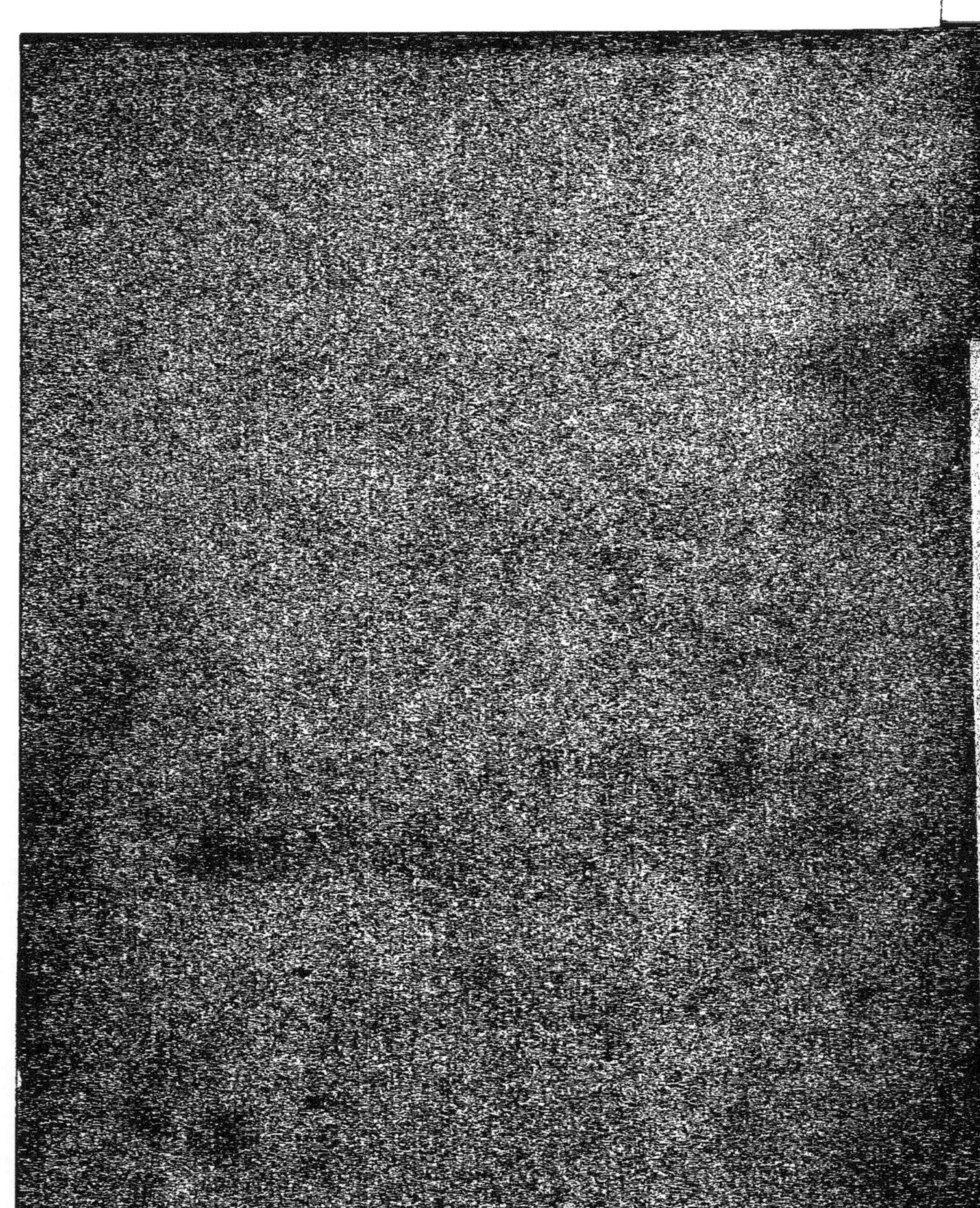